MÉMOIRE

Sur les avantages què les habitans des Colonies Françoises trouveront à faire du Rum, au lieu de Taffia ; & sur l'art de composer les grappes, & de distiller cette liqueur.

LES Rumeries sont assez importantes pour le Commerce & pour les Colonies, pour qu'on s'en occupe sérieusement.

L'Amérique fait une grande consommation de rum, les Isles angloises ne sauroient lui en fournir une quantité suffisante. Ne pouvant en tirer de nos Colonies qui n'en distillent point, les Américains viennent prendre nos sirops pour les distiller eux-mêmes : nous y perdons la main-d'œuvre, ainsi que les écumes. Dans la vente des sirops, on perd plus de la moitié ; car un gallon de sirop ne se vend que vingt sous, & il en résulteroit un gallon de rum qui se vendroit, prix commun, deux livres dix sous, ou même trois livres.

La fabrication du rum est un objet qu'on n'a pas encore su apprécier dans les Colonies françoises. Cette branche de commerce forme le tiers du revenu des sucreries angloises, tandis que nous nous bornons à faire quelques mauvais taffias, dont le goût empireumatique & érugineux répugne

A

au consommateur un peu délicat. Cependant nous employons pour nos taffias précisément les mêmes matières avec lesquelles les Anglois fabriquent le rum, si recherché en Europe & en Amérique. La manipulation de cette liqueur est à très-peu de chose près la même dans toutes les Isles, ainsi que les déboursés : ce sont des gros sirops de sucre & des écumes mêlées avec une certaine quantité d'eau & de vidange qu'on fait fermenter dans des tonneaux pendant huit ou dix jours, c'est-à-dire, jusqu'à ce que la fermentation qui doit être vineuse, ne soit presque plus perceptible. Alors on met cette composition, appelée vulgairement *grappe,* dans un alambic, & on la distille de la même manière qu'on fait l'eau-de-vie en France. La première liqueur qui passe par l'alambic, est le taffia chez les François, & le rum chez les Anglois ; ensuite vient la petite eau qui est un taffia ou rum très-foible. Les Colons françois la mêlent avec leurs taffias, quoiqu'elle ait un goût & une odeur très-désagréables ; mais les Anglois la mettent à part pour la rectifier par l'alambic, ce qui leur donne un rum très-spiritueux, qu'ils nomment *esprit,* & qui sert à donner une grande force à leur rum ordinaire ; par ce moyen ils le rendent propre à parvenir dans toutes les contrées de la Terre sans s'être affoibli par le trajet. Un peu plus ou un peu moins de cet *esprit* compense toutes les distances. La liqueur qui reste au fond de l'alambic, après la distillation de la petite eau, est la vidange.

D'où vient donc que nos Insulaires n'obtiennent dans leurs Guildiveries que des taffias qui répugnent à tous les Étrangers, pendant que les Anglois fabriquent le rum, objet si précieux à leurs Colonies, puisque la vente de cette liqueur suffit pour réparer les pertes, & pour fournir aux dépenses d'exploitation de leurs Sucreries ! Le chapiteau & le serpentin des alambics font seuls cette différence.

Les chapiteaux de nos alambics ont trop peu de capacité, & leur embouchure ou les collets par lesquels ils s'adaptent à ceux des alambics, font trop courts ; de forte que les vapeurs qui fe fubliment, malgré le feu le mieux ménagé, n'ayant point affez d'efpace pour circuler, il ne fe fait qu'une médiocre fégrégation d'efprits d'avec les parties aqueufes de la grappe, mêlées avec ces efprits : de-là les mauvaifes qualités du taffia.

Les ferpentins de nos alambics n'ont ni affez de matière, ni affez de circonvolution, ce qui s'oppofe encore à la bonté de la liqueur. Les Anglois ont, depuis long-temps, fenti les défauts de nos Guildiveries ; auffi les ont-ils perfectionnées, tandis que nous reftons affervis aux premières idées & aux premières habitudes fur cet objet intéreffant.

Comme nos Ouvriers de la Métropole n'ont aucune connoiffance des proportions de ces alambics, nous les indiquerons ici, afin qu'on puiffe rectifier les ouvrages de cette nature, & qu'on en fabrique dans les proportions que nous indiquons.

La capacité des alambics la plus convenable à la fabrication du bon rum, doit être, fuivant l'expérience, d'environ trois cents gallons, qui font douze cents pintes, mefure de Paris ; ils doivent avoir quatre pieds & demi de hauteur ; leur fond fera d'une bonne épaiffeur, ainfi que les parties qui environnent ce fond. Les alambics, au furplus, feront à peu-près conformes à ceux que l'on emploie pour les eaux-de-vie, excepté qu'il faut leur donner un peu plus d'épaiffeur dans la totalité. Le collet de ces alambics aura environ feize pouces de hauteur, afin que la diftillation foit plus prompte, & que la grappe ne fe fublime pas avec les efprits.

Le chapiteau fera trois fois plus grand que ceux qui font en ufage dans les brûleries de France, toutes proportions gardées d'ailleurs ; fa forme fera un peu plus écrafée. Le collet de ce chapiteau aura environ un pied de hauteur, afin qu'il s'adapte facilement & folidement avec les alambics ; & le bec, au lieu d'être de cuivre, fuivant l'ufage, fera de bon étain allié d'un peu de cuivre, pour lui donner une confiftance folide. On adaptera le bec du chapiteau fur le fommet de ce même chapiteau, pour faciliter l'afcenfion des efprits, & ce bec fera recourbé en forme de cou de cigne.

Le ferpentin qui doit être de bon étain, aura trois pouces & demi à quatre pouces de diamètre, & au moins fix grandes circonvolutions.

La forme des pièces à grappe doit être celle d'un cône tronqué, très-large par le bas & étroite par le haut, afin que la fermentation s'y établiffe plus promptement & s'y conferve mieux. Celles que l'on fait de cœur de chêne font bonnes ; mais faites de fap rouge, elles valent beaucoup mieux, en ce qu'elles font moins fujettes à être piquées par les vers. Ces pièces doivent contenir trois cents gallons, comme les alambics, pour que la maturité des grappes à diftiller foit bien égale. La partie la plus étroite des pièces n'a point de fond ; il y en a un à fa partie inférieure ou bafe du cône, qui doit être foutenu bien folidement, afin que le poids affez confidérable de la liqueur ne puiffe le déranger.

Il eft néceffaire d'avoir auffi dans chaque Rumerie, plufieurs bonnes pipes de cœur de chêne, bien cerclées en fer, ainfi que les pièces à grappe ; elles feront foncées par les deux bouts, & contiendront cinq ou fix cents gallons : ces pipes qui ne font pas différentes de celles qu'on voit chez nos Vignerons & nos Marchands de vin, fervent à conferver le rum jufqu'au moment de la livraifon ; on leur adapte un bon robinet de cuivre, qui fert à tranfvafer facilement cette liqueur.

Pour que l'encombrement de ces divers objets foit moins confidérable dans le tranfport, on les montera aux Ifles : on apporteroit feulement de France les douelles & les autres pièces toutes faites & bien numérotées, de manière que l'ouvrier le plus groffier puiffe les monter fans peine ; il eft néceffaire auffi qu'on envoie les cercles de fer tout faits.

Pour sept à huit mille livres, argent de France *(a)*, on monte deux chaudières à rum, qui augmentent d'un tiers à peu-près les revenus des propriétaires : si les produits en sucre sont de deux cents mille livres, voilà cent mille livres par an de gain pour eux, pour le Commerce & pour la Métropole.

Art de faire le Rum selon le procédé des Anglois.

Nous ajouterons les détails suivans, relativement aux ustensiles nécessaires pour une Rumerie, à ceux que nous avons déjà donnés ci-dessus à ce sujet : la forme, ainsi que les soins qu'on doit donner à ces ustensiles, sont si importans au succès de la distillation, qu'on ne doit rien négliger pour les bien faire connoître.

Ustensiles nécessaires à une Rumerie, & les soins qu'ils exigent.

Nous avons dit qu'il falloit deux chaudières à rum, & des pièces à grappe en proportion ; nous avons donné les dimensions les plus avantageuses & les plus propres à procurer la meilleure liqueur ; & nous répéterons que les chaudières de trois cents gallons doivent être préférées ; toutes choses égales d'ailleurs, le rum s'y fait beaucoup mieux.

Outre les chaudières & les pièces à grappe, il faut encore deux bailles ou baquets de cinq gallons chaque ; c'est avec ces bailles qu'on vide & qu'on mesure les liqueurs qui entrent dans la composition des grappes.

Au lieu d'employer des pièces à grappe de la même contenance que les chaudières ou alambics à rum, quelques

______

(a) Une Rumerie bien montée & parfaitement établie, coûteroit de quinze à vingt mille livres ; mais on peut faire du rum sans avoir un établissement aussi beau.

Rumiers éclairés préfèrent d'en avoir deux pour une, fur-tout lorfque les chaudiètes contiennent trois cents gallons & au-deffus; alors on a deux pièces ou cuves à grappe, de cent foixante gallons chaque : l'on prétend que la fermentation s'y établit plus vîte & qu'elle y eft plus parfaite. Ceux qui tiennent pour les pièces à grappe de même contenance exactement que les chaudières à rum, difent que la fermentation du liquide, dans deux vafes différens, ne peut jamais être affez parfaitement égale pour que le mélange dans la chaudière ne nuife pas à la diftillation & à la perfectibilité de la liqueur.

On fait les pièces à grappe de quelques gallons plus grandes que les chaudières à rum, parce qu'elles ne font jamais exactement remplies, & que le furplus de la contenance eft deftiné au *deficit* inévitable ; ainfi nous avons dit qu'il falloit deux pièces à grappe de cent foixante gallons chacune pour une chaudière de trois cents gallons, ou une feule de trois cents dix gallons.

Il eft encore néceffaire d'avoir une affez grande cuve, garnie d'un robinet de cuivre, pour recevoir les vidanges & les conferver jufqu'à ce qu'on en faffe ufage ; cette cuve doit être placée dans l'intérieur de la Rumerie, afin que le grand air & les pluies ne détériorent pas ce liquide.

Outre les alambics à diftiller le rum, il eft bon d'en monter un autre de moindre grandeur pour diftiller la petite eau & faire *l'efprit ;* cette chaudière fera affez grande fi elle contient cent cinquante gallons.

Pour qu'une Rumerie foit parfaitement montée, & qu'on puiffe fe livrer en grand à cette fabrication, il faut donc, comme nous l'avons déjà dit, deux chaudières de trois cents gallons à diftiller le rum ; une de cent cinquante à diftiller la petite eau & à faire *l'efprit ;* dix à douze pièces à grappe de trois cents dix gallons pour chaque chaudière, ou le double fi elles contiennent la moitié moins de liquide que les chaudières à rum ; un certain nombre de pièces femblables pour les vidanges & le ferment artificiel ; de grandes bacques ou des citernes pour les écumes : pour les sirops, des bailles & des baquets ; de grandes pièces à rum de douze à quinze cents gallons, où l'on puisse le conserver jusqu'au moment le plus favorable à la vente ; enfin, un grand magasin à rum & à pièces à grappe, un bel établi en maçonnerie, où l'on montera les chaudières avec leur bacq à *couleuvres* ou *serpentin,* & où sera le caveau de distillation du rumier, avec un réservoir où les vidanges qu'on fait couler des chaudières, sont reçues. Cet établi ne doit point avoir de murs latéraux, mais seulement un bon toît. La dépense peut aller de quinze à vingt mille livres, argent de France ; mais on peut commencer à faire du rum sans avoir un aussi bel établissement, ainsi que nous l'avons observé plus haut.

Les pièces à grappe doivent être bien propres & bien nettoyées ; on les rince à cet effet avec de l'eau bien chaude dans laquelle on aura versé ou fait infuser quelque vermifuge ou de la chaux vive, afin de détruire les vers & les autres insectes qui, pendant qu'elles ont été vides, peuvent s'être introduits dans les cavités ou interstices des douelles. Les autres ustensiles n'exigent pas moins de soins ; car la plus grande propreté est nécessaire pour obtenir une bonne liqueur.

Il ne faut jamais garder de futailles vides ; elles se conservent bien mieux lorsqu'elles sont toujours remplies de quelque liqueur. Pendant la récolte, à mesure qu'on les vide on les remplit de nouveau ; & après la récolte, la liqueur qu'on y aura déposée sera la base sur laquelle on commencera avec avantage la récolte suivante : mais il faut faire attention aux vers qui peuvent s'y engendrer, & qui perceroient ces pièces, si on ne les détruisoit pas.

Pendant que les liqueurs sont en fermentation dans les pièces à grappe, il faut sans cesse nettoyer les dépôts qu'elles ne cessent de rejeter sur leurs bords supérieurs, qui s'y attachent, s'aigrissent, & déterminent une fermentation acéteuse & nuisible à ces liqueurs.

Toutes les fois qu'on remplit de nouveau les chaudières à

rum, il faut les bien laver ; on fait entrer à cet effet dans la chaudière un Nègre qui, au moyen d'un paquet de feuilles de goyavier, la nettoie parfaitement. Les parois intérieures de la chaudière, frottées avec ce feuillage, donnent, à ce qu'on prétend, aux grappes & au rum qu'on en distille, un goût plus agréable & une qualité supérieure.

Composition du premier Ferment.

LA première opération, lorsqu'on veut commencer à faire du rum, & qu'on n'a pas eu l'attention de conserver des vidanges de la récolte précédente, c'est de les suppléer & de se procurer le levain destiné à opérer la fermentation des grappes lorsqu'on manque de vidanges. Ce levain se compose avec les bagasses qui tombent, en très-petits brins, des baquets du moulin sur le terre-plain qui les environne. On les jetté dans des futailles, où leurs qualités fermentescibles se développent : les proportions sont de cinq baquets de cinq gallons chacun pour une pièce de cent gallons, qu'on remplit ensuite d'eau. On agite fortement avec un brassoir ce mélange, au moins trois fois, & même plus souvent si on le peut, par vingt-quatre heures : au bout de trente heures la fermentation commence à s'y établir.

Les futailles dans lesquelles on prépare le ferment, seront à peu-près comme celles qu'on destine aux grappes ; on doit également soutirer toute la liqueur par un robinet placé au bas des pièces; elle en sera plus nette & plus claire. En la prenant avec des bailles, par la partie supérieure de la pièce à grappe, on enleveroit les parties hétérogènes & les ordures que la fermentation rejette à la surface du liquide fermenté, ce qui nuiroit aux grappes.

On ne fait usage de ce levain, comme nous l'avons dit, qu'en recommençant chaque année les opérations & les travaux de la rumerie, ou lorsqu'on manque de vidanges,

Des

Des Vidanges.

Les vidanges font la liqueur que la diſtillation du rum & de la petite eau, laiſſe au fond des alambics, & d'où on les tire pour la compoſition des grappes : ce réſidu, par ſes qualités, en opère la fermentation.

Pour qu'elles aient toutes les qualités qu'on leur demande, il ne faut pas que la diſtillation de la petite eau ſoit trop pouſſée, de crainte qu'elle ne les dépouille entièrement de toutes leurs parties ſpiritueuſes, & ne les appauvriſſe au point de n'être plus propres à être employées. Elles ſe gâtent encore lorſqu'elles ſe trouvent expoſées à la pluie & au ſoleil.

Lorſque les vidanges ont les qualités & le degré de perfection qu'on leur déſire, elles ſont rougeâtres & d'un goût amer légèrement acide, mais point aigre : on doit en prendre un très-grand ſoin, ſans quoi elles deviennent graſſes & bourbeuſes, & en cet état elles ne ſont plus d'aucun uſage; on ne les emploie qu'autant qu'elles ſont limpides, fines & tièdes. Les rumiers Anglois diſent que le degré de chaleur doit être celui du lait qu'on vient de traire : il eſt indiſpenſable de les laiſſer refroidir, lorſqu'elles ſont trop chaudes.

Si les écumes dont on compoſe les grappes, étoient froides, il faudroit que les vidanges fuſſent plus chaudes; l'expérience eſt la ſeule règle de conduite qu'on puiſſe preſcrire à cet égard : les vidanges trop chaudes donnent trop de développement à la fermentation.

On dépoſe ces vidanges dans un grand baquet garni d'un robinet de cuivre dans ſa partie inférieure, afin de pouvoir ſoutirer cette liqueur, qu'on ne doit jamais prendre dans ce baquet avec des bailles, ainſi que nous l'avons dit du ferment primitif; car on trouveroit à ſa ſurface des parties oléagineuſes & hétérogènes qui s'y élèvent par une fermentation légère, mais continuelle, inhérente aux principes de cette liqueur.

B

La propriété des vidanges eft de divifer les huiles effen-
ticlles des cannes à fucre, qui entrent dans la compofition
des grappes, & de les déterminer à la fermentation, qui fe
feroit, fans ce fecours, bien plus lentement & d'une manière
moins parfaite, fur - tout lorfque les pièces à grappe font
neuves, & la rumerie froide & humide; mais elles ne
contribuent pas à donner au rum une meilleure qualité;
car les grappes faites fans vidanges, procurent du rum plus
agréable au goût, & qui peut fe boire plus tôt.

Des Écumes.

L E s écumes, au fortir de la fucrerie, feront dépofées
dans une citerne, ou dans un vafe fuffifamment grand
pour contenir toutes celles qu'on retire des chaudières à
fucre, en quarante-huit heures de travail confécutif; & on
ne doit les employer qu'après cet efpace de temps, qui eft
néceffaire pour y établir un commencement de fermentation
qui chaffe & rejette à la furface toutes les ordures dont elles
font chargées : on diminue beaucoup, par ce moyen, les
foins journaliers que l'on fe donne pour écumer les grappes.
Il ne faut pas fe preffer de fe fervir des écumes; il eft
effentiel d'attendre qu'elles fe foient bien dépouillées & bien
purifiées dans les citernes, par leur propre fermentation.

Les écumes, comme les vidanges, ne doivent pas être
mifes trop chaudes dans les pièces à grappe; elles exci-
teroient trop de fermentation : on les dépofera dans un
baquet, comme nous l'avons dit plus haut, afin de pouvoir
les prendre au degré de chaleur convenable, ce qui dépend
beaucoup des circonftances, & de l'état des autres liqueurs.

Les matières qu'on retire, en écumant, du vafe où font
dépofées les écumes du fucre, font une excellente nourri-
ture pour les chevaux, les bœufs & les mulets; elles les
engraiffent; mais on ne doit pas les leur donner trop
chaudes.

(11)

Il y a des écumes de première, feconde & troifième qualité; c'eft au Rumier à les bien diftinguer, afin de les proportionner aux autres matières qui entrent dans la compofition des grappes.

Compofition des Grappes.

On appelle *grappes*, cette préparation qu'on met dans les chaudières ou *alambics* à rum, pour être diftillée & donner cette liqueur.

Si l'on veut faire du rum auffitôt qu'on commence la récolte, & avant d'avoir des firops, les grappes fe compofent de la manière fuivante.

Nous fuppoferons, dans les détails où nous allons entrer, des chaudières & des pièces à grappe contenant trois cents gallons. Il fera facile enfuite, par de fimples règles de proportion, d'adapter nos calculs & nos combinaifons à des vafes plus ou moins grands.

PREMIÈRE COMBINAISON.

Gallons.

Écumes. . . . . 180.	⎫
Eau commune. . . . . 90.	⎬ 300.
Ferment liquide ou levain. . . . . . . 30.	⎭

décrit à l'article de la *compofition du premier ferment* ci-deffus.

Si les écumes étoient peu riches, il faudroit en mettre une plus grande quantité; c'eft le degré de bonté de ces liquides, qui en général, règle les proportions qu'on obferve dans leurs mélanges. . . . .

Les grappes formées de cette façon, ne donnent qu'environ douze à quinze gallons de rum, & quarante - cinq à

B ij

cinquante de petite eau, encore ce rum eſt-il d'une qualité très-inférieure; il n'eſt guère qu'à vingt-huit degrés.

Compoſition des Grappes lorſque l'on commence d'avoir quelques Sirops.

DEUXIÈME COMBINAISON.

Gallons.

Écumes	150.
Vidanges	75.
Eau commune . . , ...	40.
Premier ferment dont on a donné la compoſition	20.
Sirops	15.

300.

Les grappes qui réſultent de cette nouvelle combinaiſon, donnent, pour chaque pièce de trois cents gallons, environ trente gallons de rum à 25 degrés, & quarante gallons de petite eau, qui, étant diſtillée, donne treize à quatorze gallons d'eſprit de 18 à 19 degrés. Mêlant enſuite l'eſprit avec le rum, il en réſulte quarante-trois à quarante-quatre gallons de rum, à la preuve de 22 à 23 degrés.

TROISIÈME COMBINAISON.

Gallons.

Écumes	139.
Vidanges	75.
Eau commune	40.
Premier ferment liquide	20.
Sirops	26.

300.

Cette proportion donnera trente gallons de rum à 25 degrés, & quarante à cinquante gallons de petite eau.

En diftillant enfuite de la petite eau, ce qu'on nomme l'*efprit*, elle en rendra à peu-près un tiers, c'eft-à-dire, treize à quatorze gallons, qui, en les mêlant avec le rum, vous en donnera environ cinquante-trois à cinquante-quatre, à la preuve de 22 à 23 degrés.

Autres proportions dans la compofition des grappes, en fe conformant aux circonftances ou l'on fe trouve dans le cours d'une récolte, & felon la qualité des liquides qu'on y emploie.

PREMIÈRE MÉTHODE.

Grappes pour tout le temps de la récolte.

		Gallons.	
1.re	Écumes	120.	
	Vidanges	120.	300.
	Eau commune	30.	
	Sirop	30.	
2.me	Écumes	120.	
	Vidanges	120.	300.
	Eau commune	36.	
	Sirop	24.	
3.me	Écumes	90.	
	Vidanges	90.	300.
	Eau commune	90.	
	Sirop	30.	
4.me	Écumes	120.	
	Vidanges	90.	300.
	Eau commune	60.	
	Sirop	30.	

Gallons.

$$5.^{me} \begin{cases} \text{Écumes.} \dots \dots \dots & 135. \\ \text{Vidanges.} \dots \dots \dots & 90. \\ \text{Eau commune} \dots \dots \dots & 45. \\ \text{Sirop.} \dots \dots \dots & 30. \end{cases} 300.$$

$$6.^{me} \begin{cases} \text{Écumes.} \dots \dots \dots & 120. \\ \text{Vidanges.} \dots \dots \dots & 105. \\ \text{Eau commune} \dots \dots \dots & 51. \\ \text{Sirop.} \dots \dots \dots & 24. \end{cases} 300.$$

$$7.^{me} \begin{cases} \text{Écumes.} \dots \dots \dots & 90. \\ \text{Vidanges.} \dots \dots \dots & 120. \\ \text{Eau commune} \dots \dots \dots & 60. \\ \text{Sirop.} \dots \dots \dots & 25. \\ \text{Sirop, vingt-quatre heures après.} \dots & 10. \end{cases} 305.$$

SECONDE MÉTHODE.

Pour continuer à faire du Rum après la récolte.

Gallons.

$$1.^{re} \begin{cases} \text{Vidanges.} \dots \dots \dots & 210. \\ \text{Eau commune} \dots \dots \dots & 45. \\ \text{Sirop.} \dots \dots \dots & 45. \end{cases} 300.$$

$$2.^{me} \begin{cases} \text{Vidanges.} \dots \dots \dots & 150. \\ \text{Eau commune} \dots \dots \dots & 108. \\ \text{Sirop.} \dots \dots \dots & 42. \end{cases} 300.$$

$$3.^{me} \begin{cases} \text{Vidanges.} \dots \dots \dots & 180. \\ \text{Eau commune} \dots \dots \dots & 72. \\ \text{Sirop.} \dots \dots \dots & 48. \end{cases} 300.$$

$$4.^{me}\begin{cases}\text{Vidanges}\dots\dots\dots\dots\dots\ 155.\\ \text{Eau commune}\dots\dots\dots\dots\ 96.\\ \text{Sirop}\dots\dots\dots\dots\dots\dots\ 49.\end{cases}300.$$

Gallons.

$$5.^{me}\begin{cases}\text{Vidanges}\dots\dots\dots\dots\dots\ 165.\\ \text{Eau commune}\dots\dots\dots\dots\ 84.\\ \text{Sirop}\dots\dots\dots\dots\dots\dots\ 51.\end{cases}300.$$

TROISIÈME MÉTHODE.

Gallons.

$$1.^{re}\begin{cases}\text{Écumes}\dots\dots\dots\dots\dots\ 180.\\ \text{Eau commune}\dots\dots\dots\dots\ 102.\\ \text{Sirop}\dots\dots\dots\dots\dots\dots\ 18.\end{cases}300.$$

$$2.^{me}\begin{cases}\text{Écumes}\dots\dots\dots\dots\dots\ 165.\\ \text{Eau commune}\dots\dots\dots\dots\ 120.\\ \text{Sirop}\dots\dots\dots\dots\dots\dots\ 15.\end{cases}300.$$

Il est bon d'observer que telle que soit la quantité de chaque liquide qui entre dans la composition des grappes, & de quelque manière qu'on les combine ensemble, ces grappes ne donnent jamais qu'en proportion des sirops & des écumes. Un bon Rumier, lorsque la saison est favorable, tire de son alambic environ un gallon de rum, y compris la petite eau réduite en esprit, pour chaque gallon de sirop, & autant pour cinq gallons d'écumes (on estime que cinq gallons d'écumes équivalent à un gallon de sirop). Ainsi, dans les grappes où il entre cent vingt gallons d'écume & trente gallons de sirop, on doit trouver à la distillation cinquante-six gallons de rum ou de petite eau réduite en esprit. Cela n'a lieu, cependant, que dans le courant de Mars, Avril & Mai qui sont les mois les plus secs de l'année, & ceux où la canne donne plus de sucre & de meilleure qualité, & où les sucres donnent plus de firop contenant une plus grande abondance de principes propres à faire le rum.

Quoique l'art du Rumier n'ait pu obtenir, jufqu'à préfent, qu'un gallon de rum ou d'efprit pour un gallon de firop ou pour cinq gallons d'écume, il feroit peut-être poffible d'en extraire davantage en perfectionnant cet art ; mais en attendant cette heureufe découverte, les Rumiers peu habiles en tirent beaucoup moins. La fcience confifte dans la jufte proportion des liquides qui, fuivant leurs qualités refpectives, entrent dans la compofition des grappes, dans la fermentation de ces grappes, & dans le degré de maturité qu'il faut faifir pour les diftiller.

QUATRIÈME MÉTHODE,

À pratiquer après la récolte.

Gallons.

1.re	Écumes........................	240.	} 300.
	Eau commune....................	60.	
2.me	Écumes........................	225.	} 300.
	Eau commune....................	75.	
3.me	Écumes........................	195.	} 300.
	Eau commune....................	105.	
4.me	Écumes........................	180.	} 300.
	Eau commune....................	120.	

Ces grappes font deftinées à être gardées jufqu'à la nouvelle récolte ; on les prépare à l'avance, afin qu'on puiffe faire du rum en même temps qu'on commence à faire du fucre, fans être obligé d'avoir recours au premier ferment décrit ci-deffus.

Quelques Rumiers ont l'attention de vider dans les pièces à grappe, dans l'ordre fuivant, les liquides qui doivent les

compofer :

compofer; d'abord les vidanges, enfuite les écumes, après cela les firops, & enfin l'eau commune : cette attention ne peut qu'être avantageufe, ainfi l'on fera très-bien de s'y conformer.

Comme une maffe trop confidérable de liquides ne doit pas fermenter facilement, pour éviter cet inconvénient fâcheux, on ne doit remplir les pièces à grappe qu'en deux ou trois reprifes, & à mefure que la fermentation s'y établit : cette attention eft fur-tout néceffaire lorfque les pièces font très-grandes; quelques Rumiers, par cette raifon, préfèrent les futailles médiocres.

Auffitôt que l'eau eft verfée dans la pièce à grappe, il faut tout de fuite braffer avec force pendant environ fix minutes, afin de bien mélanger tous ces liquides : on fe fert pour cela d'un inftrument qu'on nomme *braffoir ;* c'eft un gros & fort bâton, au bout duquel on attache une efpèce de croix. Après trente heures ou à peu-près, que les liquides ont été mêlés, la fermentation commence.

Le travail de braffer eft très-important, & l'on doit le répéter au moins trois fois en vingt - quatre heures, & même plus fouvent pendant les cinq à fix premiers jours, fi du moins les autres travaux le permettent : avant de braffer, il faut toujours avoir l'attention de bien écumer les grappes.

Dans la combinaifon, *article 7,* vingt-quatre heures après que la pièce a été remplie, on l'écume exactement avec un balai ordinaire ou avec une paffoire très-fine ; lorfqu'elle eft bien écumée, on y ajoute encore dix gallons de firop, & l'on rebraffe de nouveau comme la première fois.

On mêle les écumes provenant des grappes avec celles qu'on tire de la fucrerie, & on les donne aux beftiaux, ce qui les engraiffe, même dans le plus fort du travail.

La fermentation dépend beaucoup de la fituation de la Rumerie ; elle doit être bien sèche, placée vers le fud, & bien clofe *(b)* de toutes parts, en n'y laiffant pénétrer que le

---

(b) La partie de la Rumerie où l'on place les pièces à grappe, eft la feule qui demande toutes ces précautions - là.

C

jour indifpenfablement néceffaire pour voir ce qui s'y paffe. Le trop grand accès de l'air extérieur retarde la maturité des grappes, en faifant évaporer la chaleur intérieure qui eft un des principaux agens de la fermentation. Plus le logement où l'on tient les grappes eft chaud, plus il eft propre à accélérer leur maturité. La partie où font placées les chaudières, doit être couverte par un fimple toit, fans murs latéraux, afin d'empêcher que la pluie, en tombant avec force fur les chapiteaux & fur le col de l'alambic, ne condenfe la liqueur qui s'élève & fe fublime, & ne la précipite fur les grappes & le marc d'où elle étoit tirée.

On ne remplit jamais de nouveau les pièces, fans les avoir bien rincées, & pendant que la liqueur fermente, on a foin de nettoyer les bords fupérieurs où il s'attache, par la fermentation, diverfes matières impures qui pourroient difpofer les grappes à une fermentation acéteufe.

Les grappes doivent être couvertes exactement, & bouchées avec un couvercle en bois, ou mieux encore, avec des paillaffes épaiffes, faites avec des feuilles sèches de bananiers.

La marche de la fermentation eft plus ou moins rapide, felon les circonftances du temps, & felon l'attention que l'on donne à augmenter, à entretenir ou à diminuer la chaleur dans les pièces à grappe. La liqueur eft quelquefois en état d'être diftillée en fept à huit jours, quelquefois auffi elle ne l'eft qu'au bout de onze à douze. Plus l'on eft attentif à écumer, à braffer, à foigner la liqueur, plus l'opération avance. Les pièces à grappe neuves la retardent beaucoup, fur-tout quand on manque de vidanges.

Le point de maturité des grappes, ou leur terme de diftillation, eft annoncé par l'affaiffement du liquide & par la ceffation prefque entière des pétillemens, que l'effervefcence fait paroître à la furface & autour du vafe qui contient cette liqueur. Lorfque les grappes font dans cet état, on dit qu'elles font *plates*. On les goûte alors ; elles doivent avoir

(19)

une faveur douce, mais piquante & vineufe. Si elle étoit
aigre, il ne faudroit pas les employer, mais bien remédier
à cet inconvénient. Lorfque les grappes font parvenues à
leur état de maturité, on doit les employer dans le courant
des douze heures fuivantes, jamais plus tard.

On ne doit pas être furpris, lorfque des grappes faites
deux ou trois jours plus tard, fermentent cependant plus tôt.
Beaucoup de circonftances peuvent concourir à accélérer
la fermentation des unes, & à retarder celle des autres : le
plus ou le moins de chaleur, les variations de l'atmofphère,
les foins de bien écumer, de bien couvrir les pièces, de
braffer vivement, &c. doivent établir à cet égard de grandes
différences.

Les grappes fe compofent donc, comme nous venons
de le voir, avec les matières fuivantes :

1.° Les écumes.
2.° Les vidanges.
3.° L'eau commune.
4.° Quelquefois l'eau de mer.
5.° Les firops.

Nous obferverons qu'on ne doit que bien rarement
employer feule l'eau commune, & qu'il faut toujours la
mêler, avant d'en faire ufage, avec des vidanges ou autres
levains.

Les eaux faumâtres & même ftagnantes doivent être
employées par préférence aux eaux vives, parce qu'elles
contiennent des principes fermentatifs plus abondans, &
l'expérience a démontré leurs avantages fur celles-ci.

Les firops provenant des fucres bruts, font plus riches,
valent beaucoup mieux que ceux du fucre terré, & il en
faut moins dans la compofition des grappes. On évalue
cette différence à Quinze pour cent.

C ij

Les pièces à grappe ne doivent, autant qu'il eſt poſſible, reſter jamais vides : ſi la diſtillation devance les opérations du moulin & des chaudières à ſucre, on doit avoir recours à d'autres procédés pour les remplir.

Grappes ſans écumes ni vidanges.

Gallons.

	Gallons	
Eau commune	120.	
Eau de mer	50.	
Sirop	40.	} 300.
Eau bouillante	80.	
Vingt-quatre heures après, & lorſque l'on aura bien braſſé & écumé, on ajoutera ſirop	10.	

La manière de diriger ces ſortes de grappes dans les futailles, eſt la même que pour les autres, & le rum qu'on en diſtille eſt plus agréable & plus tôt potable. Il y a ici ſeulement perte de temps, parce que ces grappes parviennent tard à leur maturité, & elles rendent moins de rum que les précédentes ; mais quand on ne peut mieux faire, on doit encore s'eſtimer très-heureux des avantages que cette compoſition procure.

Si l'on a des vidanges ſans écumes, on diminue l'eau de mer & l'eau commune bouillante, en proportion de la quantité de vidanges qu'on y emploie. Avec des ſirops, des vidanges & de l'eau, on eſt toujours en état de faire du rum & d'occuper ſans relâche le rumier. C'eſt ici où l'art & le talent du Diſtillateur font la richeſſe du Proprié-taire, & où, avec les mêmes moyens, on peut obtenir des revenus doubles & même triples. Les Anglois excellent dans cette partie, tandis que les ſucriers François croupiſſent dans la plus profonde ignorance & la plus plate routine.

Faire des Grappes avec du jus de Canne.

On exprime le jus des cannes, en les écrafant au moulin, à la manière ordinaire : on fait cuire un tiers de ce jus, ou vezou, jufqu'à la confiftance de firop ; on prend les deux autres tiers, qu'on fait bouillir pendant environ une heure, & jufqu'à ce qu'il ait rejeté toutes les écumes groffières qui viennent à la furface de la chaudière. On emploie cette dernière liqueur à la place & de la même manière que les écumes, & la première pour tenir lieu de firop.

Avec ce firop & ce vezou cuit, on compofe des grappes, mais qui ne fermentent que très-difficilement fans le fecours des vidanges ; il faut donc en être toujours pourvu, s'il eft poffible, pour cette opération.

Autre manière de faire des Grappes avec du jus de Canne.

On fait cuire le vezou, en le bien écumant, jufqu'à la confiftance de firop léger : les écumes qu'on en a tirées fervent à la place de celles que l'on extrait des chaudières lorfque l'on fait du fucre.

Dans la compofition des grappes, on met le double de ce firop & de ces écumes qu'il n'en faudroit fi c'étoit du firop de fucre & des écumes ordinaires.

Le rum qu'on en diftille eft très-bon ; & on le nomme à la Barbade, où il s'en fabrique beaucoup, *efprit de rum*.

Faire revenir les Grappes gâtées & aigries à leur état de perfeCtion.

Lorsque les grappes n'ont pas les qualités convenables, foit par le défaut de proportion entre les liqueurs intégrantes, foit par la mauvaife qualité de quelques-unes de ces liqueurs, on ne les emploie pas en cet état, mais on s'empreffe à les rétablir & à les rendre propres à la diftillation.

Lorfque la fermentation eft trop lente & les grappes totalement affaiffées, c'eft une preuve qu'elles manquent de levains, ou que les écumes & les vidanges avoient un trop haut degré de chaleur quand on les a employées; fi l'on mêle tout-à-la-fois un volume trop confidérable de liquides, il en réfulte le même inconvénient : alors, pour rétablir & hâter la fermentation, on y jette de l'eau chaude ou une petite poignée de chaux vive, ou enfin des vidanges.

Si les levains dominoient, & que la fermentation fût trop active, on la retarde en y mêlant de l'eau froide.

Lorfque les grappes font trop froides, on fe fert d'écumes & de vidanges chaudes; fi elles font trop chaudes, on emploie des vidanges & des écumes froides.

Les grappes ne s'aigriffent que par une furabondance de vidanges, par l'ufage de vidanges appauvries ou gâtées, par le défaut d'écumer & de braffer exactement, ou parce qu'on laiffe fur les bords des pièces qui les contiennent, les matières impures que la fermentation y attache. Pour remédier au mal, on retire de chaque futaille, dix gallons de la liqueur aigre, & on met à la place cinq gallons de firop & autant d'eau bouillante; on braffe fur le champ, & on couvre exactement la futaille : il s'établit alors une fermentation de meilleure qualité, & en deux jours ces grappes fe trouvent propres à être diftillées.

Si l'acidité des grappes étoit bien grande, on en ôteroit jufqu'à vingt-cinq ou trente gallons, que l'on remplaceroit par vingt gallons d'écumes & par dix gallons de firop.

On fent bien que c'eft le degré d'acidité qui détermine dans ce cas-là, & que le Rumier le plus médiocre ne doit pas s'y méprendre.

Il eft rare que les grappes deviennent alkalefcentes, &

qu'elles tombent dans un état de corruption ; mais fi cela
arrive, on y remédie, & on les régénère avec des vidanges,
des écumes & des firops.

Lorfque l'on eft dans le cas de faire de nouveaux mélanges
dans les grappes, on en retire de la liqueur en proportion, que
l'on conferve pour en former de nouvelles grappes ; & par
cette attention, rien ne fe perd.

Diftillation du Rum.

Lorsque les grappes font au degré convenable pour la
diftillation, on les fait couler dans l'alambic ou chaudière à
rum, par un canal de pierre ou de bois ménagé à cet effet, par
des chutes convenables : on lutte enfuite bien exactement le
chapiteau lorfque l'alambic eft plein.

S'il arrive que le rum foit trop fort, il faut l'affoiblir avec
de l'eau commune, & jamais avec de la petite eau qui le gâte
en lui donnant un goût très-défagréable.

Le Rumier doit veiller fans ceffe au degré de feu néceffaire
à fes chaudières : ce feu doit être doux, modéré, toujours
égal & fuivi. S'il eft trop violent, il fublime beaucoup de
parties qui nuifent à la qualité du rum : d'ailleurs, en coulant
chaud, il eft plein de fumée, il s'affoiblit, prend mauvaife
odeur & mauvais goût ; de forte qu'il n'eft plus propre qu'à
être livré aux Nègres & aux autres ufages les plus communs
de l'habitation.

Les Anglois, au lieu de bois, de paille de cannes & de
bagaffe, fe fervent, autant qu'ils le peuvent, de houille, qu'on
nomme *charbon de terre* ou *charbon minéral ;* ils prétendent
que fon feu eft plus conftamment égal, & que d'ailleurs fon
phlogiftique contribue à donner au rum une qualité fupérieure.
Au refte, l'ufage du charbon feroit pour le Commerce de
France, une branche confidérable d'exportation pour la

Métropole : on pourroit le mettre dans les Bâtimens à la place d'une partie du lest.

Si l'on remplit l'alambic de petite eau, & qu'on la distille, le rum qu'elle donnera sera supérieur à tous les autres ; on le nomme vulgairement *esprit*, parce qu'il est plus déphlegmé que celui qui procède des grappes. Si cet alambic contient trois cents gallons de petite eau, il doit rendre environ un tiers de bon rum marchand, & de plus, trente gallons de petite eau.

Lorsque les grappes sont bien composées, & que la distillation est faite à propos & avec soin, elles donnent à peu-près, sur trois cents gallons, quatre-vingt à quatre-vingt-quatre gallons de rum, & quarante à cinquante gallons de petite eau. L'esprit qui provient de cette petite eau, mêlé avec le rum, donne à peu-près cent vingt à cent trente gallons, qui font un peu plus du tiers des trois cents gallons de grappes ; mais elles ne donnent cette quantité de liqueur, qu'autant qu'elles sont bien faites, & que les écumes & les sirops y dominent.

Procédé par lequel on obtient un Rum de première qualité.

Gallons.

Écumes........................	120.
Sirop.........................	45.
Eau commune..................	135.

} 300.

Les grappes formées par cette combinaison, font ce qu'on appelle *riches ;* elles restent plus long temps à entrer en fermentation, & ce n'est tout au plus qu'au bout de douze jours qu'elles font au degré convenable à la distillation.

Lorsqu'on les distillera, on prendra le premier gallon de rum que fournira la chaudière, & on le mettra à part ; il en sera de même du second ; on ne les mêlera point ensemble : le reste de la distillation se fera à l'ordinaire.

Lorsque

Lorfque l'on aura mis le rum dans des barriques *(c)*, on
mêlera alors enfemble les gallons de rum qui avoient été mis
en réferve; on en mettra parties égales dans chaque barrique:
on ne bouchera point la bonde, parce qu'il s'exhale fans ceffe
de cette liqueur une grande quantité de gaz inflammable ou
d'efprit incoërcible, dont les refforts puiffans détruiroient les
barriques en les faifant éclater de toutes parts; on couvrira
feulement cette ouverture d'une plaque de plomb ou de fer-
blanc, percée de petits trous: enfuite on tranfvafera fouvent
le rum d'une futaille dans une autre; cette attention le vieillit
en procurant l'évaporation des parties les plus volatiles du
rum, parties qui affectent trop vivement les organes du goût.

Au moyen de tous ces procédés, on a, en moins de fept
à huit mois, du rum très-bon à boire.

Je ferai obferver ici qu'en général il ne fuffit pas d'une
profonde théorie dans l'art de faire le rum; on fent aifément
qu'une longue pratique & une exacte obfervation fur les
qualités des liquides intégrans, fur les réfultats de leurs combinaifons, fur les degrés de feu qu'on doit employer, &c. &c.
font pour le moins auffi néceffaires que la théorie la plus fûre.

Les différens degrés de force qu'on peut donner au Rum.

IL eft bon d'obferver que plus le nombre de degrés eft
confidérable, moins le rum a de force; ainfi à 20 degrés
il eft plus fort qu'à 25.

En diftillant du bon rum deux fois, on obtient une liqueur
des plus fpiritueufes qui eft à la preuve de 14 degrés.

La petite eau diftillée donne une liqueur de 18, 19
& 20 degrés; c'eft ce qu'on nomme *efprit*, & dont

(c) Le rum fe tranfporte dans des barriques de cette forte, contenant
environ de cent dix à cent vingt gallons; c'eft la dimenfion que l'on
préfère.

D

on fe fert pour donner au rum trop foible le degré de force qu'il doit avoir pour le commerce.

Depuis 20 jufqu'à 30 degrés inclufivement, c'eft ce qu'on appelle *rum*.

On obtient du rum à tel degré qu'on defire par le procédé fuivant : on met à part dans des vafes différens, bien clos, les dix ou douze premiers gallons de rum que la chaudière fournit, on les conferve dans ces vafes jufqu'au befoin ; alors en mêlant les liqueurs provenant de divers degrés de diftillation, on leur donne plus ou moins de force : car le rum que l'on obtient en diftillant un alambic plein de grappes, n'a pas le même degré de force dans tous les momens de fa fublimation ; c'eft une vérité dont on eft facilement convaincu, fi l'on dépofe cette liqueur dans des vafes différens, à mefure qu'elle coule du ferpentin : on voit les mêmes effets dans la diftillation des eaux-de-vie.

Les premiers pots qui fortent de la chaudière à rum, font très-forts de preuve, & fucceffivement ils diminuent de force, à proportion que la diftillation avance ; de forte que le premier pot eft plus fort que le fecond, ainfi de fuite dans un ordre décroiffant.

On évitera avec foin de faire le rum foible, car cela ne peut guère arriver que pour avoir trop pouffé la diftillation & y avoir mêlé la petite eau, accident qui gâte le rum & lui donne un goût défagréable, très-difficile à effacer ; & on fe prive en même temps d'une petite eau de bonne qualité : les Rumiers françois tombent fouvent dans ce défaut.

Degrés de force qu'il eft néceffaire de donner au Rum, felon les pays pour lefquels on le deftine.

	Degrés.
L'Irlande	25.
Londres *(d)*	22.

____

(d) On n'y boit pas le rum à ce degré de force qui eft trop confi-

Degrés.

Pour déterminer le degré de force du rum, on fe fert d'un pèfe-liqueur anglois qui, pour ce cas particulier, eft bien plus commode que tous les inftrumens de la même efpèce dont nous nous fervons en France : ce font des bulles de verre afforties, de différente gravité fpécifique, terminées par un tube étroit & de moyenne longueur, fur lequel eft marqué fon degré particulier pour l'ufage ; on jette ces bulles dans la liqueur, celles qui y flottent légèrement très-près du fond du vafe, indiquent fon véritable degré ; celles qui s'enfoncent trop rapidement, ou qui furnagent à la furface, dénotent qu'elle a plus ou moins de force.

La petite Eau.

ON nomme *petite eau*, un rum très-foible qui fe diftille immédiatement après que l'alambic a fourni le rum.

La liqueur tirée des grappes par la diftillation, tant qu'elle n'eft pas au-deffus de 28 à 30 degrés, fe nomme *rum* ; & au-deffous, jufque vers les 40 degrés, elle s'appelle *petite eau* ou *fleurs*. Si on pouffoit plus loin la

---

dérable, mais une fois entré en Angleterre, on le mélange avec de l'eau ; cette pratique a été imaginée pour diminuer le droit impofé fur cette liqueur en Angleterre, qui eft établi fur la quantité & le poids, & non fur la qualité. Le débit ne fe fait enfuite qu'à 27 ou 28 degrés : cette liqueur peut recevoir beaucoup d'eau lorfqu'elle eft à 22 degrés, & c'eft autant de gagné fur la Ferme.

D ij

diſtillation, on gâteroit les vidanges, comme nous l'avons déjà dit.

On doit être bien attentif à éviter que la petite eau ne ſe mêle avec le rum. Les François qui ne diſtinguent pas aſſez exactement le terme de la diſtillation où finit le rum, & celui où doit commencer la petite eau, qui a auſſi un point fixe où elle marque qu'il faut s'arrêter, gâtent l'un & l'autre, & en même temps appauvriſſent tellement les vidanges, qu'elles ne ſont plus propres à former des bonnes grappes : c'eſt principalement de ce mélange du rum avec la petite eau que réſulte notre taffia.

Après la diſtillation de *l'eſprit*, & celle de la petite eau qui le ſuit, ce qui reſte dans la chaudière à rum, n'eſt bon à rien; c'eſt un *caput mortuum* qu'il faut jeter & écarter autant qu'on peut, à raiſon de l'odeur fétide qu'il exhale.

Si l'on ne ſe trouvoit pas aſſez de petite eau pour remplir la chaudière au moment où l'on veut en diſtiller & faire *l'eſprit*, on peut y ſuppléer en mettant à la place, des grappes de bonne qualité; ce qui produit le même effet, mais les réſultats pour la quantité ne ſont pas les mêmes que ſi l'alambic étoit plein de petite eau ; car les grappes que l'on a ajoutées, au lieu de donner un tiers d'eſprit, comme la petite eau, ne fourniſſent qu'une quantité de rum proportionnée aux parties de ſirop ou d'écumes qui ſont entrées dans leur manipulation.

Procédé pour donner au nouveau Rum, dans l'eſpace d'un mois, la couleur & le goût du Rum le plus vieux.

Pour trois cents gallons de rum, on prend :

1.° Quatre pains de Boulanger, d'une livre chaque ; on les ouvre pour en ôter la mie ; on fait rôtir les croûtes juſqu'à ce qu'elles ſoient preſque réduites en charbons. On les laiſſe bien refroidir, & on les concaſſe.

2.° Quatre livres de raisins secs, tirés, s'il est possible, de Malaga : si on manque de raisins, on prend des pruneaux secs que l'on concasse, noyaux & pulpes ensemble.

3.° Une livre de thé verd.

4.° Une douzaine d'ananas bien mûrs & de bonne qualité, concassés sans ôter la peau.

5.° On met, sur trois cents gallons de rum, tous ces ingrédiens, que l'on partage suivant la grandeur des futailles qui le contiennent. Ces futailles ne doivent pas être exactement remplies, afin qu'en les roulant & en les agitant fortement, on puisse brasser la liqueur : ce que l'on doit faire exactement au moins une fois en vingt-quatre heures, pendant quinze jours. On ne les bouche pas exactement, afin que les parties trop effervescentes puissent s'en évaporer. On les transvide ensuite, & l'on laisse reposer pendant quinze autres jours cette liqueur ; après ce temps-là, on peut la donner à boire comme vieille. Les plus habiles connoisseurs y feront trompés.

Les Anglois, pour bonifier le rum, le transvasent ou le tirent d'abord dans des barriques qui ont contenu de la bière ; ils trouvent que cette liqueur y acquiert beaucoup de qualités. Les barriques à vin & à cidre auroient sans doute le même avantage, & produiroient peut-être plus d'effet encore, si l'on ne craignoit que le rum prît trop de couleur dans ces barriques ; on voit bien qu'il seroit facile d'éviter cet inconvénient, & il est toujours bon d'essayer.

On peut employer encore au même effet, les ingrédiens suivans : on prend le sucre brut qu'on trouve au fond d'une barrique, & qui ordinairement n'est point purgé à sec ; on le fait bouillir dans un vase, jusqu'à la consistance d'un gros sirop très-épais ; on le laisse refroidir : cette matière devient en cet état très-cassante ; on la dissout dans une certaine quantité de rum, & il en réfulte une liqueur dont un verre fuffit pour colorer cent gallons de rum.

Il y a encore beaucoup d'autres méthodes pour colorer le rum; mais la plus fimple, & celle qui a le moins d'inconvéniens, c'eft de faire brûler par le Tonnelier, les parois intérieures des douelles deftinées à faire les futailles qui doivent contenir cette liqueur; en peu de jours elle y prend une belle couleur d'ambre qui plaît beaucoup aux acheteurs. Il faut éviter que cette couleur ne devienne trop foncée, elle ne feroit plus fi agréable à l'œil des connoiffeurs; c'eft le défaut où tombent communément les François qui s'avifent de faire du rum fans bien connoître l'art de fa diftillation, & les différentes préparations auxquelles il eft à propos de le foumettre afin qu'il foit très-bon.

FIN.

A PARIS, DE L'IMPRIMERIE ROYALE. 1786.